PRINCIPIO

DE

OLIVO

Autor: Franklin Olivo Salcedo

Primera Edición 2019

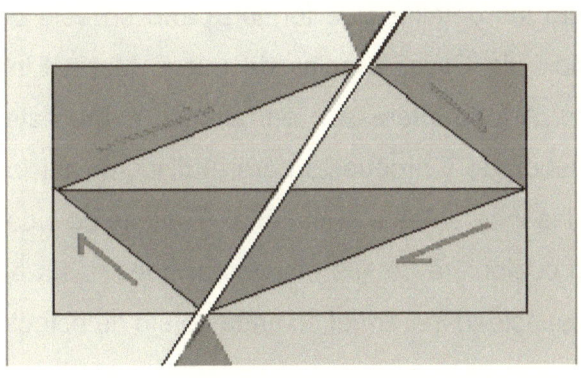

Derechos Reservados

Franklin Olivo Salcedo

PRINCIPIO DE OLIVO

DEDICATORIA

A María Elena Muñoz, mi esposa la autodidacta que siempre tuvo tiempo disponible para escuchar mis propuestas, en el marco de las interacciones mutuas y tras aclaraciones en el orden de los conceptos. Siempre dispuesta a escuchar y a ofrecer sus criterios como un apoyo intelectual para la obra y para la plusvalía escrituraria de este servidor. A ella, las gracias por dedicar tiempo y espacio cuando intervenida para ofrecer a su intelecto los detalles que forman parte en este compendio del Principio de Olivo. Gracias de nuevo María Elena por tu aportación. A todo interesado en conocer sobre este principio que he elaborado y propuesto para el discurrir adicional sobre propiedades inherentes a la materia. Gráficas de vida útil de la misma en cualquiera de sus manifestaciones hasta alcanzar el cenit de capacidad individual en cada objeto de estudio.

Franklin Olivo Salcedo

PRINCIPIO DE OLIVO

INDICE

PRÓLOGO

Buscando en el orden de las ideas, acomodar razonablemente mis pensamientos, he tenido que acudir a esta ciencia dogmática que proclama la necesidad de defender y demostrar una verdad con elementos que ofrece la razón; esto es, lo fehaciente que pueda ser una propuesta cuando no trata de una doctrina que tenga que ver con expectativa de fe. Ello, porque la razón no es una expectativa. Me refiero a la ciencia de la apologética. Y aún cuando estemos convencidos de que nuestras verdades son razonables, tendremos que dar cabida a un beneficio de la duda, no sea que mañana nuestras consignaciones caigan en la infamia y el desprestigio porque sean halladas otras razones más poderosas que las limiten o las apabullen.

Desde muy joven he sido algo juicioso y elucubrador, implicando en ello que me dedico a pensar en soliloquio, en estados mediáticos de conciencia. Quiero decir que me abstraigo como autista en mis pensamientos y dubitaciones, porque siempre obedecen a inquietudes e investigaciones sobre estas. Y es obvio que si me abstraigo, es como si me ausentara del entorno en que me encuentro. En este estado cuasi-cataléptico se pierde hasta audición y todo el espíritu se somete a una introspección dubitativa, a tenor con las inquietudes que uso adrede para tal auto-encomienda. Parece auto-inducción pero sin que haya mediado una propuesta para entrar en el trance. Es como estar, sin estar. Con cierta regularidad se regresa de este trance con determinadas certezas que se convierten en elementos cognitivos en virtud de todo lo razonado y acreditado en ellas mientras como siempre digo: Construyo.

A veces somos interrumpidos mientras inmersos en ese estado y en algunas ocasiones me han preguntado el porqué de mi silencio y mi estado dubitativo. La respuesta que ofrezco es siempre la misma: Que estaba construyendo. Una manera de informar sobre lo que realmente hacía: Construir, construir ideas utilizando razones acordes con sus demostraciones y defensas consignadas a la racionalidad. Toda esta perorata es oportuna para el encargo que me trae hasta este instante en que plasmo en el orden de las ideas mis respuestas, tras proponer un Principio que será de mi autoría si logro encauzarlo por el lecho de una verdad científica, y si logro traspasar por el ojo crítico de quienes siempre son doctos en las lides de acusar recibo o de rechazar. Cabe indicar también por oportuno, el hecho de que soy bastante observador y hasta me divierte serlo. Observar permite ver, a diferencia de cuando simplemente oteamos o miramos panorámicamente. Aunque no se hagan acepciones al vocablo, ver implica observar en detalle; por ello, no es lo mismo mirar que ver. Con todo esto traigo a colación el hecho de que siempre hay un orden de las cosas. Es un orden que puede ser razonable o irrazonable, porque carezca de sentido común o de elementos logísticos. Toca al observador deslindar uno del otro aunque aparezcan mezclados en un entorno. Es como separar ovejas de las cabras por decirlo de algún modo capaz de ser entendible.

A veces, dedicamos tiempo al pensamiento crítico y tomamos de esta interacción, inquietudes sobre determinados tópicos que nos inducen a buscar respuestas llevando a cabo análisis conceptuales que en primeras instancias son subproductos de especulaciones. En otras instancias, son respuestas auxiliadas por elementos cognitivos, por supuestos motivos, por razones asertivas que se pueden demostrar y defender como exige la ciencia en apologética. Algo que necesariamente no es un producto final, porque toda verdad hallada está sujeta a un mentís postrero por concepto de nuevos descubrimientos de razones más poderosas que las anteriores. Sin embargo, tras lo fehaciente están ancladas las expectativas seguras y estas a su vez conducen hasta las verdades convincentes.

Cuando se logra sentar pautas con verdades convincentes, se ganan adeptos a una causa que llega a ser común por reconocida como tal. Entonces, amparados en esta ciencia mencionada, nuestras razones son posibles gracias a sus demostraciones y posibilidades de defenderlas. Tal es el caso relacionado con el Principio de Olivo: Puede ser sometido a las razones según propuestas por esta ciencia de la verdad científica razonada. En determinado espacio, he considerado al ser humano espiritual como un ente asistido por un dogma de La Creación, tras la creencia en una inmortalidad de su alma o tras otras creencias siempre dogmáticas. No empece, hay controversia relacionada con el cuerpo humano como tal y su relación con una inmortalidad del alma, cuando producto del dogma algunos religiosos suponen alma la parte física del cuerpo humano. Los Testigos de Jehová citan del libro de Ezequiel el Capítulo 18:4 para sustentar la creencia en ello. Con esto, intentan echar por tierra la doctrina sobre tal inmortalidad. La creencia está basada en que el cuerpo humano es el alma y el soplo de vida es el espíritu. Aquellos que creen en esa inmortalidad la usan para asegurar que el ser humano trasciende tras su muerte, pero como nuevo ser humano en el vientre de otra madre. Esta instancia no parece razonable debido a este proceso de deterioro aplicado en el

Principio de Olivo de cara a esa transición que se lleva a cabo tras la muerte del cuerpo humano, que descompuesto, retorna al suelo tal vez como sentencia divina o como proceso inevitable a formar parte orgánica del humos o corteza terrestre; que comienza nuevo ciclo de vida transformado en nutriente fertilizante, en savia bruta, en árbol, en flores y frutos y eventualmente en alimento para las aves, las bestias del campo o del propio ser humano.

No quiero parecer prosaico al escribir sobre estas condiciones como si tratara el asunto con irreverencias. No se trata de eso. Es, que si partimos de las realidades existenciales hay que entender, que la materia es corruptible, que el cuerpo humano es una formación de materia (polvo de la tierra). Si deseamos acudir al dogma, entonces se trata de una virtud espiritual que tal vez se debía consignar a un ente independiente carente de materia que se hace co-partícipe en las interacciones del cuerpo humano sin ser tangible, sin ser materia repito, sin ser necesariamente mortal, y con la salvedad que pudiera estar la inmortalidad contenida en su esencia. Esto, si aceptamos que se trata del soplo de vida tal vez insuflado por un Creador de todas las cosas como creen algunos religiosos.

Que tan solo durante una resurrección de los muertos según propuesta dogmática que se lee en La Biblia, como esperanza de vida más allá de la muerte, ocurre transición entre la muerte y la vida en el cuerpo humano. Entonces, es asunto de fe consignada en las doctrinas y dogmas religiosos, a tenor con los deseos, anhelos y vehemencias del ser humano de cara a una eternidad existencial. En el Principio de Olivo trato sobre la existencialidad del ser humano como ente natural formado con materia.

Pero bueno, el asunto que tengo a bien exponer en este libro se circunscribe a proponer al ser humano como miembro del reino animal, con determinadas particularidades que lo hacen algo especial y mucho diferente a los demás miembros del reino animal. Por ejemplo: fue dotado de poder, sabiduría y sentido de justicia; de racionalidad porque discurre. Es un ser cuasi-simétrico y polimorfo que camina de pie y en dos patas. Desnudo, sin pelaje como abrigo y sin armas. Desarmado, pero posee todas las armas de todos los animales incluyendo ponzoña, veneno y malicia como la serpiente. Es aprehensivo pero osado, depredador como otros animales, solo que viciosamente. Como con cuerpo formado de materia orgánica no escapa al hecho de pertenecer al reino animal y de ser incluido en las interacciones del Principio de Olivo como expuestas a través de todo lo asegurado o inferido en este libro sobre él.

El Principio de Olivo trata sobre una gráfica simbólica, sobre la cual he ubicado a todo miembro del reino animal, a todo miembro del reino vegetal y a todo cuerpo sólido, líquido o gaseoso que se pueda definir como materia. Es una gráfica ligeramente ascendente que implica la vida útil en tiempo, espacio y distancia, que concluye con la muerte, Se trata de un ciclo que termina haciendo transición, mutando, involucionando o presentando nueva figura para nuevo tránsito y nuevos ciclos, hasta casi desaparecer como nano-particulado suspendido en el cosmos.

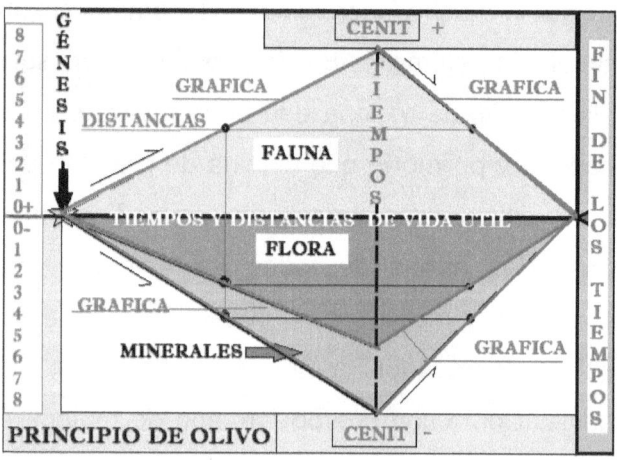

Arriba detalle gráfico sobre proceso de ascenso por la gráfica de vida útil, que comienza con la fecundación (génesis) en la línea de Cero positivo. A medida que pasan los tiempos y se acortan las distancias hacia el cenit o tope de vida útil se llevan a cabo las interacciones propias en cada ser viviente. Luego, desde el cenit se inicia la gráfica de vida, que discurre hacia el final de los tiempos en todos los casos: Para cada individuo de la fauna.

Inmediatamente después del final de los tiempos para un individuo de la fauna, ocurre transición involutiva hacia la mutación, al convertirse en materia orgánica como polvo de la tierra y pasar a formar parte del humus terrestre o capa vegetal.

Como el final de los tiempos es exactamente punto de partida para la transición, nace desde esa misma línea de Cero negativo, un nuevo ciclo de vida útil. Ocurre, al gestarse un nuevo miembro para la flora que comienza absorbiendo los nutrientes y el agua que contiene el humus a través de las raíces para formar con ellos la savia bruta como alimento sustantivo para el proceso de terminación, y eventual crecimiento y desarrollo de un árbol. Todo el proceso implica que los componentes de un miembro del reino animal, forman parte en la transición y por medio de ello nace y germina un árbol como miembro del reino vegetal. Paradójico el hecho de que se va desarrollando un hombre-árbol, cuando se trata de un ser humano que muere y pasa por el proceso de descomposición a servir de alimento a un miembro cualquiera del reino vegetal, que se sirve de aquél como savia bruta y de producir el metabolismo vegetativo que le permite vivir y llevar a cabo cada proceso vital co-dependiente en todo su cuerpo: El proceso respiratorio inhalando anhídrido carbónico y expeliendo oxígeno. El proceso circulatorio usando la savia creada en fotosíntesis y usando la savia bruta creada tras absorción de las sales, minerales y el agua que se halla en el humus de la tierra. Sales y minerales que en parte son producto de la descomposición del cuerpo animal tras la muerte. Entonces, los ciclos nuevos tras ocurrir nuevas transiciones involutivas van restando integridad material hasta que la disgregación es tal, que todo termina como dicho y repetido aquí, en nano-partícula suspendida en el espacio del cosmos. Excelente la reflexión que infiere que "no somos nada"; tan solo un pensamiento fantástico que crea un Big-bang y luego un Principio de Olivo para que pongamos los pies sobre la tierra.

El autor

PRINCIPIO DE OLIVO

PRIMERA PARTE

De un tiempo a esta parte, he estado moldeando pensamientos y dubitaciones hasta dar forma conceptual razonable e importante a los hallazgos dimanados de ello. Esto me ha permitido elaborar un Principio sencillo pero relevante, como el que expongo aquí, y propongo verdadero, desde la subjetividad del título aquí presentado.

Lo que es objetivo focal en esta presentación del discurso, será desarrollado en el detalle de cada propuesta que hago para completar el proyecto. Sin considerar qué, cómo, dónde, cuándo y por qué de cada forma en que se presenta la materia; simplemente son y están a la vista del órgano que descifra su existencia: El cerebro, al que de cuatro corresponda. El científico puertorriqueño Noel Alicea, pionero en el estudio de la neurociencia, ha propuesto, defendido y demostrado que el ser humano animal posee cuatro cerebros. Que los llamados hemisferios ubicados en la bóveda craneal no son parte de un solo cerebro, sino que se trata de dos cerebros inter y codependientes. El Doctor Alicea ofrece charlas en todo el mundo sobre neuro-aprendizaje para lectura rápida y sobre neurociencia en tiempos de primer tercio de Siglo XXI.

Cada trozo de materia en cualquier reino de la naturaleza entra a ser parte en mis enunciados conceptuales propuestos. Esto es, que la materia en el reino animal, vegetal y mineral no escapa indefectiblemente a los postulados considerados en este principio de mi autoría. Ello, porque independiente de sus manifestaciones orgánicas o inorgánicas, cada individuo de la naturaleza, entra a formar parte en un proceso natural de deterioro morfológico, mutante, y de las capacidades naturales inherentes a sus funciones como tal. Independientemente del ser vivo, o miembro inorgánico-mineral de que se trate.

A continuación, después de algunas consideraciones análogas, presento las bases sobre lo que trata este principio que debió ser elaborado antes, porque sus postulados son a todas luces trazos conceptuales sencillos con los que hago el moldeo de mis ideas. Todo esto de cara a las capacidades cognitivas y racionales que a estas alturas poseemos los seres humanos, y por estar abocados al descubrimiento de asuntos nuevos que suponemos relevantes, de vez en cuando. De asuntos nuevos escribo, pero también sobre asuntos viejos no conceptuados desde puntos de vistas que hacen la diferencia.

Como escrito: Principios análogos cercanos al que pretendo elaborar enfocan algo sobre grados de deterioro, características y propiedades particulares, pero inherentes a la fauna y flora terrestre de cara a la vida útil, que se circunscriben a ser productos agropecuarios. Dando vital importancia a los procesos de madurez, crecimiento y deterioro de ellos a través del tiempo. A través del tiempo como factor determinante de su valor, presencia o duración. Es precisamente sobre materia en todas sus manifestaciones que doy comienzo a mi propuesta, sin supeditar detalles a las concepciones individuales y reglas de quienes me anteceden con estas analogías parecidas pero no iguales.

A pesar de que se trata de analistas que me anteceden recalco, no se trata de ideas tan abarcadoras que impidan ocupar espacios no tomados en cuenta por ellos, precisamente por eso. Es el caso por ejemplo de Laurence J. Peter, quien refiriéndose al ser humano, postuló que las personas alcanzan un nivel de incompetencia al ser ascendidos a puestos seglares con mayores responsabilidades y relevancias; y pasando de la eficiencia hacia la mediocridad como tope final de capacidad individual, respecto a profesionalismo y protagonismo seglar, esto es, en la Industria de sus competencias profesionales.

Casi a la par que Peter elaboraba y ordenaba sus ideas respecto a ello hace algún tiempo, he creado este principio que se sumerge en todos los campos naturales, sin invadir terreno cultivado por otros labriegos escriturarios o libres pensadores como Laurence J. Peter, valga la redundancia. Todo en virtud de un sesgo que cada otro dio, evitando entrar en los momentos y espacios disponibles que estoy aprovechando. Es por esta característica que me sorprende nunca haya sido elaborado el Principio del que hoy me atribuyo su creación y que por naturaleza de su descubrimiento debo llamar como de hecho llamo: EL PRINCIPIO DE OLIVO.

Por ejemplo: Laurence J. Peter lleva hasta un cenit de mediocridad por ineptitud a un funcionario en su carrera profesional, para desde allí obligarlo a ser mediocre y a depender de otros funcionarios de menores jerarquías, que desde sus posiciones resuelven lo que aquél no logra desde más alto nivel, porque a su altura dejó de ser competente y ahora resulta ser lo contrario. De tal suerte, que hasta este momento en que escribo, expongo pormenores que definen características de mis principios que no han sido consideradas por Peter al estar y ser ajenas a elucubraciones anteriores de él.

Peter Laurence toma como modelo de gestión al ser humano desde su ubicación como individuo formado y ya como profesional; yo lo tomo como individuo enmarcado en una creación genética: Esto es, como ser humano semilla, que resulta ser producto de fusión entre un óvulo y un espermatozoide. Partiendo de ello entonces, incluyo al ser humano animal usando sus caminos vitales, sus necesidades como vehículos para obligarse a mantener la vida hasta llegar a la ubicación donde comience a no poder mantenerla y seguirla que es cuando muere. Debo hacer hincapié en el hecho de que casi toda vez que hago alusión al ser humano animal, estoy incluyendo a todo ser de la fauna y viceversa, a todo humano como individuo de la fauna, obvio. Se trata, de que tomo a un solo individuo para tipificar en él a todos los miembros de la fauna. Pero dejando claro, que diferenciando al ser humano de las bestias en virtud de poseer capacidades racionales y características que aquellas no poseen. Otro tanto hago con cualquier miembro de la flora terrestre cuando hago referencias a tan solo un individuo que supongo tipificador de todos los demás. No así con el reino mineral, porque cada pieza posee características morfológicas distintas, propiedades inherentes y funcionalidades también diferentes y no es posible escribir de uno tipificando a todos, salvo cuando se trate de algún detalle genérico por ser independiente.

Debo aclarar, que Peter no trata en sus enunciados sobre mis concepciones y postulados como para sentirme desautorizado. Y, como expuesto: Otros han planteado sobre grados de vida útil en productos agropecuarios, yendo por otros rumbos, tratando sobre deterioro de calidad y vida útil de esos productos de cara al trasiego mercantil de cada rubro. Por ejemplo: Exponen que al salir de su origen un producto puede ser y es clasificado de primer grado, o de primer orden; que al llegar a los mercados llega degradado hasta un 33% y es clasificado por deterioro como de segundo grado o de segundo orden. Que eventualmente al pasar los días el producto se deteriora tanto que pierde calidad gradual, y finalmente hay que deshacerse de él en un crematorio o vertedero de desperdicios sólidos, líquidos o gaseosos.

El Principio de Olivo trata sobre vida útil natural de cualquier cosa original o artificialmente elaborada, creada, o de cualquier uso y beneficio de elemento material construido, elaborado, cultivado, funcional, in-funcional que el ser humano haya ideado, construido, cultivado, elaborado, de cualquier modelo típico, atípico y siempre que posea una existencia en el planeta tierra como objeto con masa. Aplicable incluso hasta en el propio ser humano como informado.

Es harto conocido que la ciencia y la tecnología han alcanzado grandes adelantos; logrado crear acciones robotizadas y la misma nanotecnología se halla incursa en las inherencias de este Principio que elaboro aquí: El Principio de Olivo. Nanotecnología es el estudio y desarrollo de Sistemas a escalas nano-métricas (enanas, infinitesimales). Se aplica a Unidades de longitud y un nanómetro equivale a una mil millonésima partes de un metro. Las propiedades infinitesimales cuánticas de materiales nano-métricos pueden ser usadas para nuevas fusiones, crear nuevos materiales y enfrentar problemas médicos, del ambiente y otros usos.

No hay maneras, formas o con-sustancialidades que escapen a este sencillo Principio que expongo a continuación: *Todo lo que existe en este planeta y fuera de él posee o va inmerso en una gráfica ascendente de vida útil, respecto a lo que fuera inherencia funcional en sus características y propiedades hasta alcanzar un cenit o tope de capacidad, desde el cual comienza nueva etapa en gráfica descendente hasta dejar de poseer funcionalidades, inherencias, características y propiedades útiles; deja de ser o existir como conocido. Tras ello, existe transición orgánica o inorgánica que cambia naturaleza de las formas y sus maneras como características funcionales, con equipos para nueva función utilitaria.*

Entonces, nuevo ciclo de vida útil comienza, pero sin naturaleza, características y propiedades inherentes a lo que fuera en ciclo anterior. Finalmente es convertido en polvo cósmico como partícula infinitesimal suspendida en el espacio sideral. Es una gráfica natural no precipitada en la que asciende y a medida que asciende envejece obvio, pero le acompañan sus propiedades y en ocasiones aumentan sus capacidades en grados relativos a sus fortalezas y repito, a sus características.

Esta gráfica es como cauce para la vida útil de un producto creado o fabricado por mezclas o combinaciones de cualquier índole; adolece de la facultad de seguir siendo distante más allá del cenit a medida que asciende y hasta cuando finalmente llega hasta él. No hay más allá de este Cenit, no existen otras distancias y tiempos que alcanzar, porque las capacidades de seguir ascendiendo dejan de existir y solo se puede mantener en esa instancia circunstancial hasta llegar a ella, hasta comenzar una nueva etapa, una nueva gráfica esta vez en franco deterioro de la vida útil. Una gráfica descendente que comienza abandonando el Cenit o tope de sus capacidades, cayendo en esta nueva gráfica, pero esta vez degradando su utilidad cayendo en semi-utilidad, cuasi-utilidad, hasta llegar a la ubicación de grado en Cero más (cero positivo), la utilidad individual.

Esta posición de grado Cero positivo, todavía no determina en todos los casos la desaparición de masa, de propiedades y características inherentes a la naturaleza individual en el planeta. Ello, porque existen grados negativos adicionales para que ocurra un último fenómeno de deterioro y disgregación, porque después de todo, cada forma de materia termina siendo partícula cósmica suspendida en el espacio sideral. De manera, que más allá de Cero existe la secuencia numérica negativa y temporal, que es realmente indefinida con respecto a cada individuo que llega hasta allí. Algunos materiales u objetos no alcanzan su desaparición al mismo nivel de deterioro. Todos los materiales poseen distintas capacidades, características, formaciones, propiedades y están sujetos a cambios por interacciones endógenas y exógenas propias que los afectan de diferentes maneras. Un estado de descomposición es por ejemplo, resultado de las interacciones endógenas y exógenas en el cuerpo animal tras la muerte.

Aún cuando Cero es ausencia de cantidad, existen repito, grados negativos más allá de Cero positivo como en el principio de congelamiento, que no son determinantes para la desaparición total de un material, individuo u objeto. Más allá de un lugar positivo que fuera la culminación de utilidad y existencia; por causa de ausencia de cantidad, existen los números negativos. Y sobreabundando en esta información por su contenido relevante, más allá de un Cero positivo existen grados nominales bajo Cero negativos, que resultan ser óptimos para la vida útil como es el caso señalado de congelamiento, cuando este no resulte ser deteriorante.

Un ejemplo típico sobre esto último es el siguiente: Una fruta madura como alimento o un pedazo de carne como alimento entran como bolo alimenticio previamente masticado al sistema digestivo del cuerpo animal. Desde la masticación parte un proceso de inmersión en vida útil sobre gráfica ascendente inherente al propósito característico en estos alimentos: Suplir nutrientes para conservar la vida.

Desde que los vasos quilíferos ubicados en el intestino delgado absorben las grasas y algunos nutrientes químicos no tomados previamente, por este antes de llegar a ellos, que son partes en la descomposición molecular de bolos alimentarios, proceso que determina la culminación vital en grado Cero positivo de la gráfica descendente, el bolo alimenticio como tal deja de ser útil para el ser que lo usó. Sin embargo, sufre una transformación tras ser expulsado del vientre y salir por el esfínter anal. Este bolo alimenticio, ya procesado y expulsado como materia procesada, se convierte en nuevo alimento y sigue siendo materia para otros miembros de la fauna y para la flora en virtud de su condición orgánica, fertilizante por un lado y alimentaria por otro. Implica ello, que el bolo alimentario fue funcional hasta ser despojado de los nutrientes vitales necesarios al cuerpo animal por los vasos quilíferos.
Luego dejó de ser aquél bolo alimentario, para comenzar nuevo ciclo de vida útil como materia orgánica fertilizante y alimentaria, cual fuera la utilidad. Entonces, al llenar las expectativas en todo el trayecto hasta los vasos quilíferos,

ubicación pre-supuesta como de grado Cero positivo, cae en la gráfica que comienza allí pero esta vez desde Cero negativo hasta desaparecer morfológicamente tras segunda descomposición y re-conversión de la materia que se mezcla con el polvo de la tierra.

Pero no todo termina con este nuevo ciclo de vida útil; nuevas transformaciones van reciclando procesos hasta que es tanta la disgregación que cada forma y manera termina en ser partícula suspendida en el Universo. Es un proceso vital inherente a sus propiedades al que se le debe llamar INVOLUCIÓN, pero no evolución como planteada sobre el ser humano, sino como involución de todo lo que es materia, debido a las transiciones que se llevan a cabo naturalmente.

Lo anterior es asunto sugerente sobre relevancias a considerar: *La naturaleza original de las formas, de las propiedades y de las características van cambiando a medida que se llevan a cabo diversas transiciones entre un antes, un entonces y un después de todo. Resulta de ello que un después de todo, es la conversión en partícula cósmica de las formas ya sin maneras.* No sabemos si conservando energía. Algunos científicos como Peter Higgs tal vez podrían asegurar que conservando energía,

porque es modelo de gestión en su búsqueda de la partícula
Dios (bosón de HIggs).

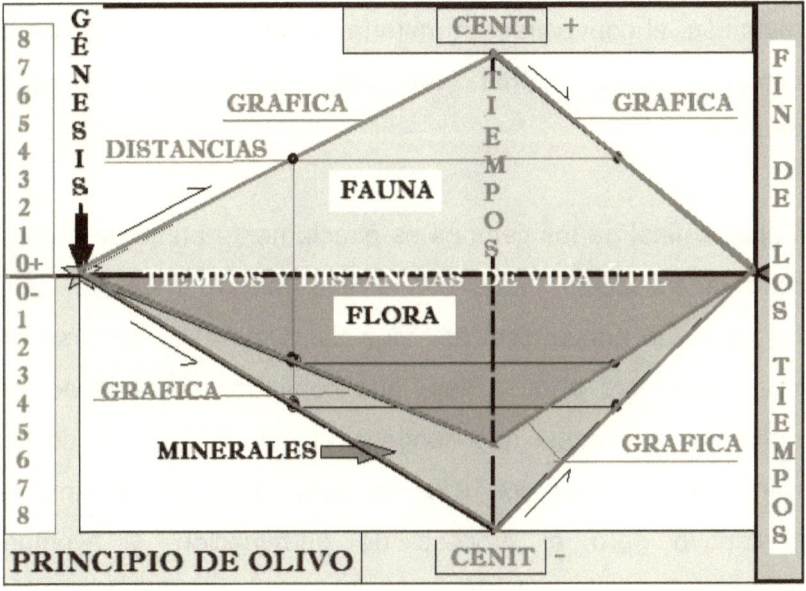

Detalle gráfico sobre proceso de ascenso por la gráfica de vida
útil, que comienza con la fecundación (génesis) en la línea de
Cero positivo. A medida que pasan los tiempos y se acortan
las distancias hacia el cenit o tope de vida útil se llevan a cabo
las interacciones propias en cada ser viviente. Luego, desde el
cenit se inicia la gráfica de vida, que discurre hacia el final de
los tiempos en todos los casos: Para cada individuo de la
fauna.

Inmediatamente después del final de los tiempos para un individuo de la fauna, ocurre transición involutiva hacia la mutación, al convertirse en materia orgánica como polvo de la tierra y pasar a formar parte del humus terrestre o capa vegetal.

Como el final de los tiempos es exactamente punto de partida para la transición, nace desde esa misma línea de Cero negativo, un nuevo ciclo de vida útil. Ocurre, al gestarse un nuevo miembro para la flora que comienza absorbiendo los nutrientes y el agua que contiene el humus a través de las raíces para formar con ellos la savia bruta como alimento sustantivo para el proceso de germinación, y eventual crecimiento y desarrollo de un árbol.

Todo el proceso implica que los componentes de un miembro del reino animal, forman parte en la transición y por medio de ello nace y germina un árbol como miembro del reino vegetal. Paradójico el hecho de que se va desarrollando un hombre-árbol, cuando se trata de un ser humano que muere y pasa por el proceso de descomposición a servir de alimento a un miembro cualquiera del reino vegetal, que se sirve de aquél como savia bruta y producir el metabolismo vegetativo que le permite vivir y llevar a cabo cada proceso vital co-dependiente en todo su cuerpo: El proceso respiratorio inhalando anhídrido carbónico y expeliendo oxígeno. El proceso circulatorio usando la savia creada en fotosíntesis y usando la savia bruta creada tras absorción de las sales, minerales y el agua que se halla en el humus de la tierra. Sales y minerales que en parte son producto de la descomposición del cuerpo animal tras la muerte. Entonces, los ciclos nuevos tras ocurrir nuevas transiciones involutivas van restando integridad material hasta que la disgregación es tal, que todo termina como dicho y repetido aquí, en nano-partícula suspendida en el espacio del cosmos. Excelente la reflexión que infiere que "no somos nada"; tan solo un pensamiento fantástico que crea un Big bang y luego un Principio de Olivo para que pongamos los pies sobre la tierra, enfatizando.

PRINCIPIO DE OLIVO

SEGUNDA PARTE

Como nada escapa al concepto de vida útil respecto a este Principio para lo que es materia, tomemos un ejemplo de comprehensión sobre la mecánica del Principio de Olivo: Sin tomar en cuenta por el momento, las fusiones aleatorias con diferentes metales. Sin tomar en cuenta procesos de fabricación de piezas utilitarias con materiales distintos, pero tomando en cuenta las características y propiedades de un producto final creado en proceso de fabricación: Pieza, objeto o componente de un todo, fabricado para funcionar como elemento primario, secundario o terciario cuyo uso necesariamente tendría que ser como parte en una estructura metálico-mineral, plástica, de madera o de cualquier tipo.

Es fabricado para ello conforme a necesidades de uso con algún margen de seguridad contemplado para interactuar con causas fortuitas, procesos exógenos y

endógenos. Una gráfica de vida útil para este producto construido para ser funcional de cara al interés de sus fabricantes y tomando como base otra necesidad para la cual el ser humano es beneficiario, es el cauce para un viaje a través del tiempo necesario para cumplir con alguna utilidad.

Se trata de ascenso en una gráfica en la que se van alterando y alternando funciones en cada elemento debido al manejo de esfuerzos propios y alternos, contemplados y no contemplados. Todo proceso endógeno en piezas o componentes con propiedades inherente a ellos o por interacciones ajenas de segundos y terceros, obligará de alguna manera a provocar daños con afectaciones a la estructura física en un orden de prioridades; a la nomenclatura molecular de los materiales con que están fabricados debido a que la energía que poseen no es estática, no es imperecedera; incluso afectando sus densidades, sus pesos, perfiles de fabricaciones (formas y maneras estructurales) márgenes de protecciones, anclajes, soportes, enclaves y por todo tipo de consideración ambiental o de ingenio práctico para ser usados.

Esto tendrá mucho que ver con la vida útil, acortando o manteniendo expectativas sobre la duración natural del producto, o sub-producto, como componente o como apéndice. Así mismo, todo proceso exógeno contemplado o fortuito ocasionará daños a través de esfuerzos adicionales en cada elemento primario y secundario coadyuvante por tener cuotas contra la vida útil. En estos casos, las funcionalidades son sometidas a esfuerzos participativos entre elementos primarios y secundarios que de eso es que se trata; otros elementos terciarios instalados como auxiliares reciben parte del trabajo y del esfuerzo combinado, por sus proximidades de ubicación a los elementos primarios y secundarios.

Pero, no es todo lo implicado en esta ruta en la que se combinan esfuerzos por el tiempo y la distancia. Las impurezas aleatorias entre metales crean fatigas que hay que añadir como precipitadoras hacia el desenlace que contempla el Principio de Olivo para el último trayecto.

Sabemos cuáles son las consecuencias sobre interacción del aire con el hierro, el agua con este y otros metales. El hierro en contacto con el aire y el agua va minando su vida útil a medida que asciende por la gráfica mientras va perdiendo masa, y sabemos lo que sucederá eventualmente con este material.

Obviamente se trata de proceso exógeno de oxidación. Conocemos los efectos del calor y la electricidad en contacto con otros materiales inflamables maleables o deformables. Las fricciones entre metales, los golpes, empujes, vibraciones, re-usos, ciclos particulares, aleaciones, coyunturas, debilidades estructurales, falta de controles de calidad no solo en la fabricación, también en el mantenimiento, revisión y reposición, en utilidades secundarias y factores humanos etc., son causas que acortan distancias y tiempos de vida útil acelerando el proceso de llegada hasta el cenit o tope de vida. Toda una gama de procesos físico-químicos son causas para producir efectos que terminan destruyendo a destiempo a un conjunto de elementos que asciende por esta gráfica del Principio de Olivo.
Y no podemos olvidar las propiedades de la materia como agentes de primer orden al usar el recurso de

maleabilidad. Recordar que todo cuerpo ocupa un lugar en el espacio; todo cuerpo conserva su estado de movimiento o de reposo, pero a su vez el hecho de que hay causalidades a tenor con los cambios por interacciones que los obligan a tener comportamientos que inducen a deterioro. Que todo cuerpo es divisible en partículas sumamente pequeñas sin perder sus propiedades, salvo cuando se trata de creación nanotecnológica de otros materiales partiendo de fusiones moleculares. Dos cuerpos no pueden ocupar al mismo tiempo un lugar en el espacio, es un postulado obvio por cuestión de impenetrabilidad.

Como en esta gráfica ascendente acelerada de vida útil se ofrecen detalles alternos, pero sujetos a los postulados de origen para establecer este Principio de Olivo, vamos a ofrecer algunos ejemplos a tenor con esta instancia.

Por ejemplo: Motores a reacción, turbo reacción o radiales (con pistones y cámaras de combustión) son diseñados y construidos conforme a utilización funcional, pre-determinada por el uso de combustibles con capacidades explosivas e inflamables conocidas y probadas. Todos los componentes primarios y secundarios para esos motores son fabricados para resistir más allá de toda duda la reactividad del combustible correspondiente a usar, contra esa funcionalidad pre-concebida de cada uno de ellos.

En estos casos, hay tiempo de utilidad hasta llevar a cabo un proceso de revisión en todo lo que tenga que ver con pasividad y reactividad en el motor y algunos de sus componentes, pero no de cada componente del mismo. Se toman los componentes como un todo conceptual y se otorga por margen de seguridad un parámetro determinado basado en cantidad de horas en uso, grados de fusión y deterioro del material, para llevar a cabo eventual revisión de ellos, como cuotas de mantenimiento, de cambios o de re-cambios.

También tomando en cuenta las experiencias adquiridas debido a incidencias fortuitas. Pero, como no todos los componentes alcanzan el Cenit de vida útil al momento de ser sometidos a revisión y mantenimiento y no todos los elementos van a la par en sus grados de ascendencias hacia el cenit de vida útil, porque no todos poseen idénticas características y propiedades, no se conocen en todo caso sus grados de deterioro.

No todos poseen las mismas contexturas, grados de fusión, de moldeo, cortantes, velocidades y fricciones, uso permitido, calibres, densidades, y perfecciones, excelentes y óptimas condiciones, no se observan con minuciosidad por lo que demasiadas veces no se conocen esos estados de deterioros hasta que con investigaciones exhaustivas producto de incidencias desgraciadas se descubren; ocurre especialmente en piezas fabricadas con aleaciones de metales diferentes.

Entonces, está claro que algunos componentes alcanzan primero el cenit mientras otros todavía conservan vida útil y se hallan en ascenso hacia el cenit. Esto implica, que si un componente sufre mayor deterioro que otros, puede provocar efecto inesperado y ser causalidad para que otros en mejor estado colapsen debido a tener que cargar con mayores esfuerzos; o simplemente el conjunto de elementos sufre un colapso total, debido a que individualmente pero en secuencia, cada otro se esforzó más allá de sus capacidades obligando a los demás a colapsar. Muchos accidentes aéreos ocurren precisamente por causa de estos esfuerzos; muchas edificaciones colapsan también por estas causas que en primera instancias son fortuitas, pero que en segunda instancia son efectos obligados por estas fallas no contempladas, o por negligencias y adredes intenciones.

Pero, vamos a re-crear un momento en que a alguna persona o personas con inventivas, se les ocurre fabricar y en efecto fabrican un combustible con capacidades extraordinariamente superiores a las del combustible convencional usado en determinados motores. Es bueno notar en esta parte, el hecho de que este nuevo combustible tendría capacidad de alterar la estructura física de cada componente utilitario del motor convencional, el tiempo y su distancia; es decir, la vida útil en la gráfica de ascenso al cenit del motor y sus componentes primarios, secundarios y terciarios. Que si se usa el nuevo combustible en ese motor se aceleraría el grado de ascendencia y por lo propio se acortaría la vida del motor, debido a que se someten a mayores esfuerzos todos sus componentes. Y, mal pudiera resultar que termine la vida útil antes de completar el tiempo y la distancia disponibles en esa gráfica, porque alguno o todos los componentes del motor no resistan el uso del combustible; que la fabricación de los elementos requieran rediseño para nueva fabricación con aleaciones metalúrgicas nuevas y más capaces de resistir.

Otro ejemplo sobre el mismo planteamiento es el siguiente: Necesariamente hay un tope, en ciclos radiales producto de aceleración por causa de las propiedades y características que se suponen capacidades del combustible, y otro tope en las capacidades de resistir estos ciclos extraordinarios por parte del bloque de componentes interactuando al mismo tiempo durante la aceleración; esto, por concepto de uso de este nuevo combustible de mayor capacidad que el convencional. El grado de inseguridad más allá de un tope en la aceleración expone a la constante del equipo a deterioro y colapso inmediato de la vida útil; a esfuerzos excesivos con los que no puede cargar.

Además, por causalidad de nuevo combustible más inflamable, más intenso, más explosivo, más acelerante y superior que el convencional. Esto es, que hay un grado que sobrepasa todo margen de seguridad para el que no están preparados los componentes de un motor convencional.

Propicio entender, que el margen de Seguridad, no es en ningún caso el tope o Cenit de vida útil. Es así, porque ese margen de seguridad es pre-determinado precisamente para que no se llegue al tope o Cenit de capacidad y toda la actividad se mantenga dentro de él sin alterar la estructura. Es fácil comprender que no tan solo un motor, toda una aeronave, todos los componentes de una aeronave, desde lo que fueran piezas o conjunto de piezas primarias, secundarias y terciarias van sometidos a esfuerzos de compresión, tensión, cargas laterales, descompresiones, desequilibrios, excentricidades, incursos o encausados en esa gráfica ascendente y no se conocen limitaciones en el trayecto de uso en un periodo cualquiera de tiempo para cada pieza o componente hasta que algo delata in-funcionalidad, pérdida de inherencia funcional y la llegada al cenit, comienzo o continuidad en la gráfica inversa o descendente de vida cuasi-útil de componentes por causas naturales o por causas de aceleraciones que acortan esa vida ya en picada.

Todos los equipos de cualquier índole van sometidos a los efectos depreciadores por deterioro natural o acelerado de sus componentes. Toda vez que abordo una aeronave me pregunto: En cuál ubicación en la gráfica de vida útil se hallan los principales componentes de los motores a reacción, el tren de aterrizaje, vigas en tensión. columnas de cargas, elementos auxiliares de la estructura, de los anclajes o soportes de los motores.

Me pregunto sobre coyunturas fatigadas y por los ciclos de ascensos y descensos (aterrizajes) que someten a grandes esfuerzos a la estructura. Lamentablemente siempre voy aprehensivo y observador. Este Principio de Olivo tiene un punto de partida en el Dilema de Edipo, Rey de Tebas en la antigüedad: Existe un animal que en las mañanas tiene cuatro patas, al medio día tiene dos patas y por la tarde tiene tres. Mañana tarde y noche es la vida útil de la materia que nace, crece, envejece y muere. Es una muerte de transición, debido a que termina siendo partícula con energía suspendida en el Universo, postulado que debo recalcar toda vez que haga falta para completar una instancia.

PRINCIPIO DE OLIVO

TERCERA PARTE

En cuatro instancias se resume la teórica vida útil de todo individuo de la fauna terrestre como reseñado anteriormente, y estoy utilizando aquí y ahora para tipificación de todos los tiempos y distancias al ser humano animal como parte de ella. Prácticamente todo suceso que acontece al ser humano, ocurre a las bestias respecto a las características de los conceptos esbozados en el Principio de Olivo. Y como reseñado también, desde puntos de vista genéticos a diferencia de Peter Lawrence que socializa sus puntos de vista con respecto al hombre, como profesional que escala posiciones seglares hasta llegar a una jerarquía en la que resulta ser incompetente o mediocre.

Para la instancia que traigo, el ser humano animal comienza su ascenso por la gráfica de vida útil, sin género alguno de conocimiento. Es cuerpo humano multiforme pero con cierta simetría entre sus duplicidades orogénicas como las bestias irracionales de toda la fauna. Llegó para trasegar por el labrado de su propia historia, en cuatro patas como cualquier animal, luego con dos y poco antes de caer en tinieblas, ocaso de la tarde en su vida a duras penas utiliza tres. Es metamorfosis entre mañana, mediodía, tarde y noche; mutando para dar cabida a esa condición. Llega cargado de necesidades vitales y tiene que valerse de todo lo que encontró al llegar para mantenerse oficiosamente satisfaciendo sus necesidades. Pero, no escapa de ser figura esencial para los enunciados del Principio de Olivo porque es materia aunque también llega a ser espíritu debido a co-dependencia intrínseca con lo intangible desde puntos de vistas dogmáticos. Beneficiario de un privilegio radicado en una racionalidad que no poseen los otros animales. Poseedor también de habilidades comunicativas e ingenio que se desarrolla primero por medio de teorías y luego a través de las prácticas.

Mal pudiera consignarle vida útil como partícula animada y previa suspendida en el cosmos a todo individuo, es circunstancia improbable y negación de la existencia de potestades superiores sobre todo lo creado, que supedita el hecho a los dogmas que inducen a razonar sobre ello; lo teorizado tendría que ser amparado en datos sobre el Origen de las especies como postulado por Charles Darwin. No es posible porque no ha sido probado fuera de toda duda que el ser humano sea producto de una evolución, pese a que al ser materia y terminar un ciclo de vida útil, se transforma para trascender involucionando. Es el caso, porque hay instancias muy razonables, que tienen que ver con involución de todos los animales de la fauna terrestre, tras el suceso en el que dejan de existir como miembros de esta. Esto es, al morir y seguir siendo materia en forma de polvo orgánico de la tierra ocurren las transformaciones involutivas. No ha sido probado fuera de toda duda que sea producto de la evolución propuesta por

Charles Darwin. Por este y otros motivos tengo que otorgar un perjuicio de la duda a la propuesta Darwinista.

Si en algún momento el origen de las especies fuera probado como verdad científica según expuesta por Darwin, entonces implicaría que realmente hubo trascendencia (evolución) entre partículas animadas suspendidas en el espacio sideral y un ser animado y sumergido en las aguas, que evolucionó mutando, hasta convertirse en anfibio y todo lo que sigue para la elaboración de la teoría, no ya como tal, sino como verdad. Implicaría que realmente el ser humano fue partícula, como lo será tras toda transición que tenga que ver con su naturaleza viva y con su naturaleza muerta eventual. Viene dotado el ser humano animal, de un sistema óseo como esqueleto por medio del cual logra permanecer en pie, de lo contrario fuera una masa amorfa aplastada sobre el polvo de la tierra. Mientras asciende por la gráfica de su vida útil, sufre cambios morfológicos debido a crecimiento y sin dudas deterioro: Ya niño mamón, párvulo, adulto, viejo, llega a ser memoria de los que luego durante corto relativo tiempo lo recuerdan. Dentro de sus necesidades vitales posee el deseo de ser eterno, pero se sabe que no es posible por causa de su principal característica:

Es mortal, es materia y la naturaleza toda es parte en los postulados del Principio de Olivo. Esególatra, y contra ello es parte de su lucha dogmática para mantener eterna su existencia a través de la fe y la esperanza. Tiene dentro de sí los medios de subsistencia para durante un tiempo cifrado en años. Años que dados a cruel le acortan la vida útil y eso hace precisa y regularmente. Regularmente mal comienza y mal acaba porque comienza glotón, sigue pueril, beodo, concupiscente, imprudente, prudente, religioso, cristiano y cadáver; luego no vale la pena ocuparse de ello...¿A quién le importa un hueso sin historia relevante que no sea paleontólogo o forense?

Sin embargo, el hecho de ser mutante, que lo es, prolonga su existencia convertido en polvo mezcla mineral y orgánico; esto último esencial para fertilizar la tierra. Pero de todas maneras en la transición cumple con los postulados anotados en el Principio de mi autoría. Ello, porque como ser humano termina descompuesto para comenzar nuevo ciclo de vida útil muy probablemente como alimento de la flora, como germinar de un árbol, como florecer del mismo y como fruto que nace, crece, madura y muere tal vez alimentando a miembros de la fauna. Y, cada vez que su naturaleza cambia es porque deja de ser su propia transitoria esencia, para convertirse en otra y cada otra nace para ser parte de otros ciclos como propuesto.

En resumidas cuentas es tanta la disgregación que a menos que por naturaleza animal pase a formar parte de un óvulo fertilizado y regrese en un parto, esta vez convertido en animal podría escribirse sobre tal particularidad. Solo así podría seguir el proceso vital de la fauna con la esencia particularizada del ser humano o de cualquier animal. Y solo así habría renovación de ascenso en la gráfica de vida útil de este Principio validado con cada transición que haga la materia hasta que no aparezcan ni siquiera vestigios cósmicos del ser. Y ni aún convertido en polvo cósmico volverá a ser humano. Será tan infinito que un día, solo podrá ser buscado como un bosón de Higgs sin ser hallado, no importa cuántos choques de hadrones se lleven a cabo. Entonces será convertido en teoría, luego en algo increíble que pareciera que existió. Toda la materia en forma particular sobre la tierra termina en polvo sobre la misma y el polvo termina en partícula cósmica viajando por toda la inmensidad del Universo. Es razonable. Existen necesidades místicas creadas con utopías por personas que se amparan en anhelos y vehemencias espirituales, que tienen a bien teorizar sobre una inmortalidad que hace trascender necesariamente al ser humano como ser humano resucitado y convertido en embrión en nuevo vientre de una madre, tras el proceso de fertilización de un óvulo por medio de un espermatozoide. Implican en ello que la naturaleza del ser humano no muere y que místicamente trasciende. Pero esto es un dogma de fe insustentable que roza de cerca mis concepciones sobre este trascender que escribo razonablemente.

En otras palabras, escribo sobre tal trascendencia, pero con elementos que no están basados en dogma alguno, sino en hechos demostrables y defendibles por la ciencia como verdades probables. Por ejemplo: Ya hemos formulado que al morir, el ser humano o la bestia, ha cumplido con un ciclo de vida útil y su naturaleza se mantiene como materia orgánica que sirve para alimentar la flora y la fauna. Es una transición entre ser humano animal y materia orgánica alimentaria que comienza nuevo ciclo de vida utilitaria como savia vegetal o como esencia vitamínica y mineral dependiendo del destino envuelto en ello. Luego convertido en fruto o carne animal sustentadora de vida para otros animales incluyendo al ser humano u otros miembros de la flora. Así, de ciclo en ciclo, hasta ser tan particularizado que termina como harto postulado, siendo partícula suspendida en el cosmos.

Pero como escrito antes: Mientras asciende como humano animal hacia la cúspide, hacia el cenit propuesto y razonable, tiene anhelos de subsistencia y medios para pocos años lograrla. Fue dotado de sistemas vitales: Un sistema circulatorio que permite oxigenar y alimentar lo más ínfimo de su cuerpo atómico, celular y molecular. Y, mientras haya interacción molecular en su esencia, será energía. Dotado también de necesidad alimentaria y provisto de los medios para esa parte de la supervivencia con un sistema digestivo-procesal que absorbe nutrientes tomados de la fauna y de la flora, llevados a todo apéndice pluricelular y plurinuclear a través de líquido vital que recorre cientos de kilómetros para cumplir con la encomienda de ayudar en el diligenciamiento de vivir siendo útil camino al tope de su vida. Posee un sistema respiratorio como medio del cual desahoga, inhalando aire oxigenado, exhalando aire viciado, transpirando y cuyos procesos son producto de un soplo de vida dogmático pero razonable.

Esto, porque inhalando llena sus pulmones de oxígeno y purifica la sangre viciada, y tras ese recorrido vital mencionado contaminante, recogiendo impurezas. Impurezas detenidas en los alveolos pulmonares, lugar de diálisis natural para limpiar de impurezas la sangre y repetir el viaje con nuevos nutrientes oxigenados. Dotado de un sistema nervioso con sede centralizada en cuatro cerebros desde donde se imparten las órdenes para todos los procesos. Casas matrices del cuerpo con turnos indefinidos y donde las actividades nunca dejan de ser, salvo que haya llegado el grado cero en la escala descendente del principio de Olivo en donde colapsan todos los sistemas vitales.

La casa matriz del cuerpo necesita ordenar interacciones y para ello cuenta con las redes neuro-sensoras como medios de analizar las condiciones sectoriales de las redes capilares en el sistema circulatorio. Depende también de otras redes troncales que tienen la encomienda de activar un sistema sobre el cual no he escrito nada y que es tan importante como cada otro, en virtud de toda interacción coyuntural o movimiento vial para que este cuerpo sea funcional. Me refiero al sistema muscular, que activado a través del sistema nervioso central y sus redes de activación neuromuscular, inducen al movimiento y a las acciones necesarias para que el cuerpo animal pueda llevar a cabo diligenciamientos. Este último vocablo sugiere que si se trata de vida útil, por algo se halla existiendo cada forma de materia.

El ser humano llena los requisitos para esta condición y necesariamente su trasegar por la vida tiene utilidades, aunque parte de ellas tengan que ver con la destrucción del propio hábitat que le proporciona facilidades de supervivencia.

Es importante anotar que para ascendencia por la gráfica simbólica propuesta, el ser humano animal se supone íntegro contando con todos sus sistemas vitales. Es por este motivo que se hacen reseñas escuetas sobre ellos. No sería posible tal trascendencia en sus tiempos y sus distancias, si no contara con todos los sistemas vitales al escalar todas las circunstancias existenciales hasta que muere naturalmente. Sucede otro tanto con los miembros de la flora: Poseen un sistema vegetativo, uno circulatorio y otro respiratorio mediante el cual inhalan anhídrido carbónico y exhalan oxígeno.

PRINCIPIO DE OLIVO

CUARTA PARTE

Desde que ocurre fusión entre un espermatozoide y un óvulo en el vientre de una hembra, da comienzo el proceso de ascendencia por la gráfica de vida útil para quien en

49

tiempo determinado resulta ser neonato, pasando a formar parte gregaria de un género animal perteneciente a la fauna terrestre. Y, desde que se lleva a cabo la fusión que da comienzo a la gestación, comienza también un proceso de envejecimiento, que es parte del deterioro que ocurre a medida que se van perdiendo utilidades funcionales del ser que nace, crece, vive y eventualmente muere. El envejecimiento necesariamente va acompañando al ser durante todo el tiempo y la distancia de su vida útil incluyendo la distancia y el tiempo que transcurre en aquella gráfica que desciende desde el cenit, y en la que se van perdiendo ya en definitiva todas las inherencias funcionales, hasta llegar a ese punto muerto inferior en donde acaba el envejecimiento. Parece simple cuando sintetizado este proceso de envejecimiento pero realmente no es tan simple. No lo es, debido a otras complejidades que lo acompañan. El proceso de envejecimiento va acompañado a su vez de otro proceso de crecimiento y desarrollo. Por ejemplo: El crecimiento y desarrollo del sistema esquelético que permite se lleven a cabo las mutaciones morfológicas en el cuerpo animal, conforme a la genética formativa consignada a determinado ser de la fauna.

Este último proceso es inherencia formativa del ser, hasta su desarrollo, alcanzado en momento no determinado ni pre-determinado del tiempo y la distancia que se recorre sobre la gráfica hasta que se completa el proceso. Desde antes y a partir de ello, el sistema va siendo sometido a esfuerzos, torceduras, presiones verticales, tensiones laterales, desequilibrios, excentricidades, mutaciones y hasta deformaciones por todas estas causas y por todo proceso endógeno y exógeno que afecta su integridad y estabilidad.

La vitalidad no es indolora y padecer es propio en cualquier interacción. Implica que sin importar el proceso de crecimiento y desarrollo, el sistema es utilitario, pero sometido a deterioro y proceso de vida útil montado en la gráfica del tiempo y la distancia; cumpliendo a medias un cometido que termina con la muerte, que supone ser punto de transición para nuevo ciclo utilitario al final de la gráfica descendente. Todo un complejo de sistemas vitales, necesariamente van codo a codo con el envejecimiento siendo todos sometidos a procesos endógenos que los obligan a interactuar en co-dependencia porque todo el proceso de subir que implica vivir, depende del esfuerzo que cada otro haga para completar el ciclo de vida útil.

Entonces, está claro que todos los componentes en un cuerpo animal, independiente de cualquier característica individual, concurre igual a subir por la distancia y el tiempo que le toque. Y cada componente va condicionado a ser funcional, a pesar de todos los esfuerzos y enfrentamientos contra interacciones endógenas gobernadas por mezclas y combinaciones químicas, por leyes físicas que provocan reacciones mutantes y cambios de estados en la materia. Una mala digestión por ejemplo, provoca malestar que es proceso endógeno; un recalentamiento de la piel supone ser causa para malestar provocado por un proceso exógeno. Por sobre todo ello, la necesidad alimentaria que induce al comienzo de un proceso de muerte cada día varias veces. Cada vez que acucia el hambre comienza ese proceso de morir, y solo se evita ingiriendo alimentos. Esta interacción es obligada por los órganos vitales que requieren sustentación vitamínica y mineral para subsistir, para la supervivencia. Es entonces cuando se llevan a cabo interacciones mecánicas y automatizadas para buscar e introducir bolo alimenticio al sistema digestivo, que es co-dependiente de todos los demás sistemas metabólicos y viceversa. Es como que cada sistema metabólico es elemento primario para mantener la integridad de todo el cuerpo, para que todo el cuerpo sea útil a sus propios intereses e inherencias funcionales.

Lo mismo ocurre con la flora y sus componentes. Existe una interdependencia entre reino animal y reino vegetal. El reino vegetal se sustenta del reino animal y viceversa. Esto ocurre gracias a las propiedades orgánicas en el reino animal. Tan pronto muere el individuo animal, hace transición a materia orgánica que sirve de vehículo alimenticio al reino vegetal. Cabe decir que el individuo animal evoluciona convertido en savia vegetal en virtud de absorción endógena a través de las hojas y raíces para que un árbol germine de semilla, crezca y se desarrolle como adulto.

Entonces, en vista de que tras descomposición del cuerpo animal, salvo los huesos, todo se convierte en materia orgánica que se mezcla con otras para formar el humus o capa vegetal fertilizante de la tierra. Esta capa vegetal posee nutrientes para la vida y existencia de todo miembro del reino vegetal a través de absorción repito. Y a través del proceso bioquímico de fotosíntesis, que transforma la energía de la luz solar de un sustrato inorgánico en materia orgánica con energía por medio de la clorofila se crean mutaciones utilizando dióxido de carbono y agua. Este proceso interactúa formando moléculas orgánicas que luego se transforman en carbohidratos. A través de las raíces cobra asiento en la capa vegetal cualquier miembro de la flora y su vez recoge agua y alimento mineral que crea la savia bruta para alimentación.

También los tallos sirven al proceso alimenticio y entre raíces, fotosíntesis y los tallos forman el proceso vegetativo que equivale a un metabolismo digestivo en el cuerpo animal. Por medio de la fotosíntesis se elabora la savia elaborada que sirve azúcares y aminoácidos. Esta savia se une con la savia bruta producto repito de la absorción de agua y sales minerales. Ambas circulan por medio de los tallos por todo el sistema vascular de una planta. Dos clases de nutrientes sintetizan en macro y micro la naturaleza alimentaria y necesariamente son inorgánicos aún cuando muchos de ellos se encuentren en la materia orgánica. Algunos se hallan en el aire, otros en el agua y en la tierra. A todo esto cabe indicar que una planta es un ser vivo que solo habla por medio de su naturaleza y padecimiento.

En todos estos procesos, el único que tiene conexión directa con el ser humano animal o con cualquier miembro de la fauna, es el que utiliza la absorción por medio de las raíces en la flora terrestre. Cuando ocurre la descomposición del cuerpo animal tras su muerte, el resultado siendo orgánico es portador de las sales minerales creadoras de la savia bruta utilizada por todo cuerpo vegetal para su crecimiento y desarrollo. De manera que la transformación del cuerpo animal para nuevo ciclo en el principio de Olivo, se tipifica en la savia bruta que ayuda al crecimiento y desarrollo de una planta. Esto es indicativo de que la disgregación de materia animal aunque toma tiempo, no parece ser muy lenta. Y, si no es lenta, el hombre partícula pasa a formar parte rápidamente del polvo de la tierra y de ser polvo a formar parte del suelo como tierra orgánica y mineral; eventualmente como savia bruta en la flora, y miembro de esta como árbol que produce frutos. Y, convertido en fruto vegetal sirve de alimento al hombre y a las bestias. Al ocurrir esto último, vuelve a ser parte en nuevos ciclos de vida animal hasta terminar siendo partícula energética suspendida en el Universo, debido a tantas disgregaciones, pero al parecer, sin entrar ya a formar parte en otro ciclo de vida útil.

Es paradójico el hecho de que una vez convertido en fruto de la flora, sirva de alimento a miembros de la fauna y obviamente al propio ser humano.

PRINCIPIO DE OLIVO

QUINTA PARTE

De los distintos reinos de la naturaleza hemos tratado someramente lo que es materia en el reino animal, incluyendo al ser humano racional y al reino vegetal, obviando por necesidad detalles importantes que formando parte en procesos de crecimiento y desarrollo, no son relevantes para el desarrollo de la propuesta sobre el Principio de Olivo. Esta última observación llueve sobre mojado porque ha sido planteada en Capítulo anterior. Todo sea para recalcar el asunto.

Sabemos que toda la naturaleza está cimentada sobre tres estados de la materia: Sólido, líquido y gaseoso. Que todo lo que es parte de ella en cualquier circunstancia o situación existencial, va inmerso en esta gráfica de vida útil que considero y propongo. Que de tan solo tres reinos: Animal, vegetal y mineral hemos considerado a dos, sin entrar en asuntos muy descriptivos que tienen que ver con subdivisiones hechas por la ciencia.

La ciencia divide en cinco reinos a los seres vivos: Reino animal, plantae, fungi, protista y monera. La biología determina lo que es un reino de seres vivos por concepto de la importancia del poder Divino, y estos son reclasificados conforme a sus características individuales.

Entonces, siendo que los seres vivos pertenecen al reino animal y vegetal, no hay motivos para considerar detalles que no alteran los lineamientos que forman parte en esta propuesta del Principio de Olivo. Ello, porque todo componente en cada división es parte de uno de dos reinos, porque o son partes del reino animal o son partes del reino vegetal. Esto, a diferencia de los componentes en el reino mineral que trata sobre cada composición de materia en su estado sólido, líquido o gaseoso. Es razonable el hecho de que por ejemplo el agua no tiene vida como inherencia funcional y los suelos y ningún mineral posee vida propia porque se trata de naturaleza inorgánica.

Los minerales poseen características y propiedades muy variadas y peculiares, producto algunos de presiones, cargas, metamorfosis, mutaciones iónicas, evoluciones, enfriamientos, afectaciones calóricas etc. Salvo el mercurio, casi todos poseen durezas naturales (solidez), son inorgánicos, poseen brillos. Otras propiedades a tenor con cada particularidad en sus masas. Formados por medio de procesos físico-químicos llevados a cabo durante mucho tiempo. Algunos mediante proceso de fosilización cuando intervenidos por la naturaleza misma, que induce y provoca los cambios físicos utilizando procesos químicos. Todos los gases son producto de estas manifestaciones de la naturaleza en descomposición de materia por causas endógenas y exógenas. Minerales compuestos por materia de origen orgánico. El Carbón de piedra, el petróleo, los gases, resinas de árboles etc.

Por otro lado, las rocas son masas sólidas del reino mineral y están compuestas casi siempre por más de dos minerales. Algunas son productos de sedimentación y debido a ello pertenecen al grupo de las sedimentarias. Como sugiere el vocablo es obvio que se hallan en áreas llanas donde las sedimentaciones toman descanso como remanso o lecho depositario de partículas granuladas y materia orgánica. Otra clase de rocas son producto de enfriamiento de magma tras erupciones volcánicas y a estas se les conoce como rocas magmáticas (ígneas). Finalmente las rocas metamórficas que se forman por medio de presiones, calentamientos y enfriamientos, procesos endógenos y exógenos sobre la superficie del suelo y debajo de este. Se trata de procesos geológicos mediante los cuales hay fusiones de partículas o agregados multi-granulares. Un ejemplo muy tipificador de mayor densidad por presiones endógenas se puede hallar al llevar a cabo excavaciones sobre rocas fragmentarias. A mayor profundidad, más densidad, solidez y dureza de las mismas, más necesidad de potencia para fragmentarlas. La litología es una división de la geología destinada al estudio de las rocas.

Hasta aquí un compendio sobre componentes del reino mineral que tiene a bien considerar sus estudios litológicos en la mineralogía, cristalografía, petrología, sus geodinámicas endógenas y exógenas, sedimentología, geomorfología tectónica y estratigrafía en tan solo un resumen.

Y, pareciera que en este campo mineral no cabe una gráfica de vida útil para el Principio de Olivo. Ello debido a que se trata de materia inanimada. No es así. No es así, porque desde los conceptos morfológicos se observan dinámicas mineralógicas, crista-lógicas, sedimentológicas, estrato-lógicas etc. que dan cuenta de ellas como sujetas a diferentes procesos de formación crecimiento y desarrollo, así como a procesos exógenos deteriorantes, fraccionadores (fragmentadores) que finalmente determinan sus conversiones en partículas eventualmente suspendidas en el cosmos. De manera que no escapan a la sentencia consignada en mis propuestas, de cara a este Principio del cual me hago signatario:

Todo lo que es materia, va inmerso en esa gráfica de vida útil, en lo que sea inherencia, característica y propiedad funcional, hasta llegar a ese cenit que he propuesto como tope más allá del cual no existe lugar, para entonces caer en la gráfica de utilidad mediática hasta finalizar en estos casos en un último ciclo, si ocurren nuevas fusiones de partículas moleculares de la figura mineral de que se trate. De todas maneras, termina todo en un ciclo tras el cual se han perdido todas las propiedades de la materia. Nada es eterno. Que algunos ciclos procesales tengan que ser milenarios no cambia en nada el sentido de esta propuesta razonable.

Por otro lado, en vista de suposición sobre último ciclo y eventual suspensión de nano-particulado en el cosmos, es preciso traer imágenes mentales sobre cómo hasta entonces se ha teorizado el génesis de la materia, dando por sentado científicamente determinados sucesos como partes procesales para la creación de materia.

Recalcando ahora que la ciencia apologética demuestra y defiende verdades de la fe con elementos que le ofrece la razón; que creer es dudar, debido a que la creencia encierra, encripta inherentemente márgenes de dudas. Que conocer es saber con certeza. Presento estas pautas para intentar discurrir, razonar o asumir posiciones respecto a postulados científicos extralimitados con respecto a teorías e hipótesis sobre la formación del Universo, traigo a colación lo siguiente:

Postulan algunos científicos sobre la expansión causada por una explosión de anti-materia (Big-bang), que provocó la creación de masa (materia) y que en trillonésimas fracciones de un segundo se formó el Universo, cuyas dimensiones confiesan desconocer, pero asegurando tener conocimientos sobre más de cuatrocientos mil millones de galaxias. Recordemos que las galaxias se componen de astros, planetas, lunas, cometas, asteroides, estrellas, polvo cósmico, elementos sub-atómicos etc., mencionando estos por las relevancias de sus dimensiones e interacciones en cada una de las galaxias. Que el planeta tierra está ubicado en La Vía Láctea, nuestra galaxia, compuesta a su vez por nueve planetas, lunas, asteroides, cometas que orbitan en círculos elípticos alrededor del astro sol.

Postulan los científicos, sobre la verdad conocida respecto a constante expansión del Universo interactivo, pero a la vez infieren que eventualmente, una vez alcanzado un tope expansivo (Cenit en el principio de Olivo), comenzará a contraerse como por efecto de nueva hipótesis, esta vez de implosión (Big crunch). Que por los efectos de esta implosión el Universo volverá a ser partícula de menos de una trillonésima parte de un centímetro, que cabría obviamente en la palma de una mano con sobrado espacio en ella.

Postulan los científicos además, que tras el Big-bang se produjeron temperaturas de hasta billones de grados centígrados. Que con esta gran explosión comenzó el proceso de formación de tiempos, energía y masa (materia), que en la primera millonésima fracción del primer segundo consecuente se crearon partículas constitutivas de la masa (materia). Y que a la inversa de lo que sucede durante una fisión nuclear, que con materia se crea energía, la explosión en el Big-bang produjo energía y esta a su vez la materia, la masa. Que el Universo está lleno de partículas Higgs (en honor al científico Peter Higgs que las teorizó en 1964).

Que todo el Universo es un campo de energía, en donde interactúan los protones, neutrones, electrones y los quarks, elementos primarios del átomo molecular que viajan en este campo energizado. Según la hipótesis de Higgs debe existir una partícula más pequeña que el átomo, responsable de la formación de la materia. A regañadientes identificó esa posible partícula como "la partícula dios". A regañadientes escribo, porque según sus propias palabras: No le agradaba llamarla de esa manera. Esa partícula es el bosón de Higgs y se supone como escrito, sea responsable de la unidad por atracción de otras partículas que con ello forman la masa o la materia. Alegan los científicos que todo en absoluto, todo lo que es materia, planetas, soles, lunas asteroides, cometas, faunas, floras, mineralogía, el ser humano fueron y son producto de la liberación de energía que ocasionó la gran explosión del Big-bang. Que tras inimaginables cantidades de partículas suspendidas en el cosmos, en el Universo, existen otras aún desconocidas, entre ellas destacan el bosón de Higgs a la que dieron en llamar como antes escrito: "La partícula dios".

Ahora, en tiempos modernos desde cerca de cincuenta años de teorías sobre la existencia posible de tal partícula, tras la hipótesis de Higgs de 1964, han construido un disparador de hadrones (protones). Un proyecto colisionador de hadrones LHC por sus siglas en inglés, cuyo Centro de operaciones llamado CERN (Consejo Europeo de Investigación Nuclear) por sus siglas en francés, está ubicado en Europa. Colocada dicha máquina del LHC a cien metros bajo tierra y con dimensiones de veintisiete kilómetros longitudinales y de forma circular, fue pre-dispuesto para hallar esa partícula dios, importante para conocer según ellos, cómo verdaderamente se formó la materia a partir de la energía liberada por el Big-bang. Tras ello en 2012 propusieron llevar a cabo el experimento en el proyecto CERN que supuso determinado éxito mediático. Luego en 2017 se dispararon millones de protones (hadrones) dentro de un tubo lleno de imanes poderosos para controlar el viaje de protones en direcciones opuestas para provocar el choque entre éstos a velocidades del 99.9% de la velocidad de la luz, la velocidad de la luz viaja a 300,000 kms/s (kilómetros por segundo).

Esperaban con ello hallar el bosón de Higgs de la hipótesis, la partícula dios u otras que se desprendieran del experimento; esperaban con ello abrir nuevos portales multi-dimensionales y aunque consideraron y declararon exitosa la operación llevada a cabo en septiembre de 2017, porque hallaron nuevas partículas antes desconocidas, no dieron con el bosón de Higgs, la partícula dios.

Enfrentando lo inimaginable de la teoría del Big-bang de cara a lo poco razonable hallado en 'supuestos' como elementos de sustentación... ¿tiene base como verdad absoluta esta teoría de cara a la ciencia apologética? ¿Puede aceptar esta ciencia todo lo que ha sido especulado para dar formas y establecer maneras sobre la creación o formación del Universo con una explosión espontánea?

En matemáticas el cero es ausencia de cantidad, pero se escribe en un papel y dependiendo de su posición, se usa para prefigurar o no una cantidad. ¿Puede hacer lo mismo la ciencia hipotética de los científicos con algo a lo que llamamos 'nada'? Si nada es ausencia de todo... ¿de dónde y cómo se produce una gran explosión (Big-bang) que libera energías y produce partículas de materia que forma un Universo? ¿Qué o quién provoca una gran explosión donde no existe nada? ¿Es factible imaginar la formación del Universo en trillonésimas fracciones de un segundo? ¿Es razonable eso?

¿Es razonable e imaginable un calor de billones de grados centígrados? ¿Es aceptable creer que una partícula dios es responsable de la creación de la masa o materia? ¿Cómo es posible una explosión de anti-materia conociendo que la materia está compuesta de átomos, electrones, protones, núcleos y neutrones, si la antimateria carece de todo ello? Nada no es algo, es nada. La nada es inimaginable porque para ello debemos llenarla de algo, de espacios y tiempos. Sin embargo, amparados en la ausencia de todo, los científicos crean una hipótesis sobre esta gran explosión como causa y efecto del origen del Universo, en un proceso invertido al de la fisión nuclear. Es como anclar un sí, por causa de un no, o acudir a un principio de oposición que establece tal cosa como que para que exista un sí debía existir un no o viceversa como asunto de co-relatividad comprehensiva. ¿Es razonable esto? ¿Es todo esto demostrable... se trata de verdades científicas o de hipótesis sin fundamentos?

En caso de no hallar esa partícula dios (bosón de Higgs), ¿con cuál nueva teoría volverán a crear el Universo? ¿Cuál será el nuevo fantástico cuento? Es increíble que tras-pasando la Vía Láctea se hayan descubierto... ¿descubierto...verdad científica?, alrededor de cuatrocientos mil millones de galaxias. Apenas se conoce la luna, se estudia al planeta Marte y a millones de años luz se envía una sonda a fotografiar al planeta Plutón.

Un año luz en unidad astronómica (UA) mundial de medición es la distancia relativa entre la tierra y el sol y consta de 149.597,870 kms. Plutón el planeta más lejano de la tierra tiene una distancia promedio entre él y la tierra de 5,934.456,500 kilómetros, y nos quieren endilgar los científicos que han hallado en el Universo 400,000.0000000 (cuatrocientos mil millones) millones de galaxias. ¿Es razonable aceptar el dato? Hagamos nosotros un pequeño experimento: Vamos a ver qué tan razonable es la teoría del Big-bang. Escribo la interjección: ¡Zas! Me tomó un segundo pronunciarla y tres escribirla, una letra por cada tecla. ¿Es imaginable que podamos obtener una trillonésima fracción de cada segundo... y que en esa trillonésima parte se haya formado el Universo?

¿Es imaginable que podamos tener el Universo todo en la palma de una mano con una dimensión de menos de una trillonésima parte de un centímetro cúbico? No solo es de dudar... ¡es inconcebible que una partícula sea en mis manos todo el Universo! La teoría del Big-bang es la más aceptada por los científicos para explicar la creación del Universo, pero no acaban de demostrar cómo se forma la masa sin que sea producto de especulación no solo apócrifa sino increíble.

No empece, consideré necesario tomar esta hipótesis como referencia, debido a que en ella se crea la materia y precisamente sobre ella he estado creando El Principio de Olivo ratificado como verdad científica sustentada en sí misma.
El Principio de Olivo, no es una hipótesis, es una teoría que posee todos los elementos indispensables para darla por razonable y a través de esto, certificarla.

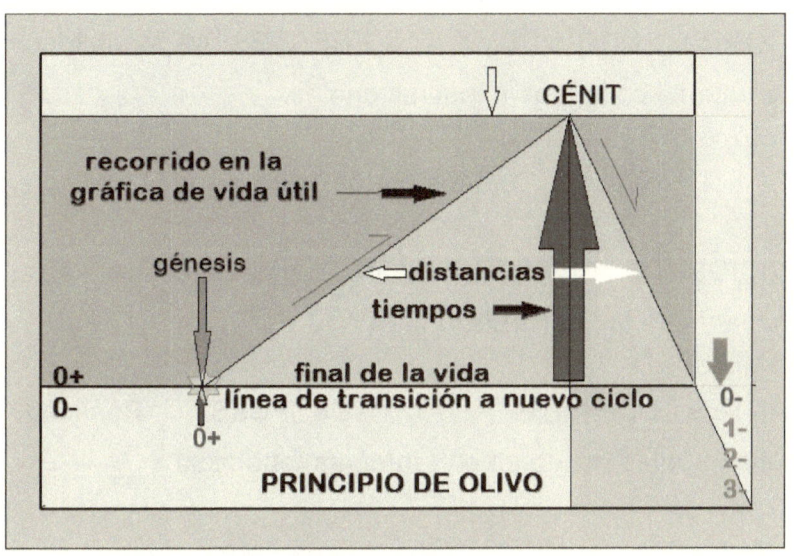

FIN

Obras escritas por el autor:

-CON EL SUDOR DE OTRAS FRENTES. 49 modalidades de fraudes callejeros e institucionales.

-LA ENTREVISTA. Cuentos cortos, narraciones históricas.

-VICIOS DE CONSTRUCCIÓN. Malas prácticas en la Industria de la Construcción.

-ANTES...DURANTE... Y DESPUÉS. Realidades conceptuales inmersas en fantasías fabulosas.

-CALÉNDULAS Y ESPIGAS. Co-autores: María Elena Muñoz Calle y Franklin Olivo. Poesías (primera sección). Máximas, Pensamientos y Reflexiones conceptualizados (segunda sección).

www.ingramcontent.com/pod-product-compliance
Lightning Source LLC
Chambersburg PA
CBHW020614220526
45463CB00006B/2583